恋家小书

158 Ideas for
Home Soft Outfit Matching
家居软装的158个创意
理想家居设计编委会　编著

U0200446

机械工业出版社
CHINA MACHINE PRESS

本书从软装元素介绍入手，精选新颖家居软装创意158例。从软装的基本介绍、各类软装元素的展示和搭配、不同风格的软装特点分析等多个方面去解读家居软装创意设计。家居软装搭配其实没有您想象中那么难，就算您不是设计师，也能从本书中获取灵感，也能轻松地搭配出您心中想要的软装风格。

图书在版编目（CIP）数据

家居软装的158个创意 / 理想家居设计编委会编著. --
北京 ： 机械工业出版社，2018.3
（恋家小书）
ISBN 978-7-111-58861-0

Ⅰ．①家… Ⅱ．①理… Ⅲ．①住宅—室内装饰设计
Ⅳ．①TU241

中国版本图书馆CIP数据核字（2017）第330891号

机械工业出版社（北京市百万庄大街22号　邮政编码100037）
策划编辑：时　颂　　责任编辑：时　颂
责任校对：白秀君　　封面设计：马精明
责任印制：李　飞
北京利丰雅高长城印刷有限公司印刷
2018年2月第1版　第1次印刷
148 mm×210 mm・9印张・159千字
标准书号：ISBN 978-7-111-58861-0
定价：49.00元

凡购本书，如有缺页、倒页、脱页，由本社发行部调换
电话服务　　　　　　　　　　　网络服务
服务咨询热线：010-88361066　　机工官网：www.cmpbook.com
读者购书热线：010-68326294　　机工官博：weibo.com/cmp1952
　　　　　　　010-88379203　　金 书 网：www.golden-book.com
　　　　　　　　　　　　　　　　教育服务网：www.cmpedu.com
封面无防伪标均为盗版

前　言

随着时代的发展，人们对家居设计也越来越关注，精致而舒适的家居环境是缓解都市人快节奏生活压力的良药，能够让人从繁忙的工作中抽离出来，享受家的轻松气氛。

近年来，家居软装设计也成为人们越来越注重的环节，"轻装修、重装饰"的装修理念逐渐被越来越多的人认可和接纳。软装一般可以概括为除了家居中固定的、不能移动的装饰物（如顶棚、墙面、门窗、柱墙造型等）以外，其余能够移动的、可以根据自己喜好更换的装饰物品（如家具、墙纸、布艺窗帘、地毯、挂画、灯饰、床品、绿植、工艺制品摆件等）。

软装设计根据空间具体的面积、形状、朝向等特点，结合居住者的生活习惯、兴趣爱好及经济情况，从整体上综合策划装饰装修设计方案，体现居住者的个性和品位。家居软装设计具有比较灵活的特点，可以随时更换、更新不同的元素。不同季节可以更换不同色系、风格的布艺窗帘、沙发套、床罩、挂毯、挂画、绿植等。

本书从软装元素介绍入手，精选新颖家居软装创意158例。从软装的基本介绍、各类软装元素的展示和搭配、不同风格的软装特点分析等多个方面去解读家居软装创意设计。本书附有单品索引及相关在售产品编号，方便您根据自己的喜好选择相应的单品。家居软装搭配其实没有您想象中那么难，就算您不是设计师也能从本书中获取灵感，也能轻松地搭配出您心中所想要的软装风格。

本书编委会

目　录

第二章
新中式风格的软装创意.....019

第三章

现代简约风格的
软装创意.................079

第四章

北欧（宜家）风格的
软装创意........... 135

第五章
田园风格的软装创意......191

第六章

现代美式风格的软装创意...231

第一章

一分钟了解家居软装

- 软装的概念
- 软装元素

1min Understanding of Home
Soft Outfit

软装其实是家庭装修发展
越来越成熟后所产生的一个新的概念

我们通常说的

"硬装修、软装饰"中的"软装饰"就是指软装。

软装元素

墙纸

布艺

灯饰

家具

装饰物

第一节 软装的概念

软装可以反映场所中的空间形态、环境氛围、主要功能和个人喜好等，同时也是艺术审美的体现。本书中介绍的软装只针对家居中的软装设计，商业空间中的软装设计暂不涉及。

一、软装与硬装

（一）软装

[陈列工艺品]

软装其实是家庭装修发展越来越成熟后所产生的一个新的概念，主要是指除了室内装修中固定不变、不能移动的装修材料和工程外的装饰性物品和材料。一般意义上的软装包括：家具、布艺、灯饰、墙纸、陈列工艺品、花艺绿植等。

[家具]

[灯饰]

[布艺]

[花艺绿植]

（二）硬装

硬装是指家装工程中的基础性装修环节，如拆墙补墙、水电铺设工程、木工工艺、安装顶棚等。硬装工程可以改善家居空间不合理的布局、满足功能上的需求，是软装设计的基础，好的硬装搭配满足不同个体需求的软装，能够成功地打造一个舒适又美观的家居环境。

二、软装设计原则

（一）软装设计在结合满足功能性需求的同时，要关注居住者的个人喜好和情怀

软装设计就犹如人穿美衣吃美食，是在解决基本需求的基础上一个更高层次的追求，是对美的认识和呈现。家居环境对于居住者而言，是休息和放松的空间，不管是设计师还是业主在对家居环境进行软装搭配的时候，在满足了空间的功能性需求后，可以根据居住者的年龄、性别、爱好、工作职业、个性特点等方面去综合搭配家居饰物，让家居环境成为健康、舒适、符合居住者要求的空间。

(二)软装设计中合理地进行色彩搭配尤为重要，滥用色彩会给人带来不适感

　　室内软装设计可以体现出一个人的性格特点和偏好。活泼外向的人，在软装设计时可以选用一些生动活泼的色彩，或者局部使用撞色搭配也是不错的选择；安静内向的人，可以在挑选软装配饰时，选择外形不太张扬、色彩饱和度不太高的品类。

（三）软装搭配要符合地域环境和季节变换

普通人装修，也许一辈子只会经历 1～2 次，虽说装修中的软装设计比硬装环节要方便、省时，但是软装搭配还是要从省时、省力、节省经费的角度去考虑。合适的软装设计需要四季皆宜，能够在变换的四季中有其自身的特点并适应季节的变化，起到调节居住者身心、影响情绪的作用。

第二节　软装元素

　　软装并不是一个抽象的概念，它是由一个个具体的元素构成的。掌握软装搭配的技巧需要了解构成软装的每一个单独的元素，了解每个元素在整体环境中的重要作用，并将合适的物件放在合适的地点，将各物件相辅相成地搭配在一起，在空间格局、形态、光线、色彩等各方面形成平衡，才能打造出一处舒适又美观的住宅场景。

❶ 家具　　❷ 布艺　　❸ 灯饰
❹ 墙纸　　❺ 装饰物

　　构成软装整体设计的元素主要有家具、布艺、灯饰、墙纸、装饰物等。现在我们就来一一了解各种元素的特点，开始一次美学拼图游戏。

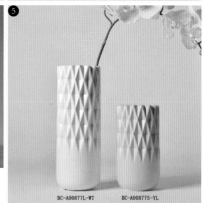

一、家具

（一）家具的定义

家具是人类维持正常生活、从事生产实践和开展社会活动必不可少的器具设施大类。家具也跟随时代的脚步不断发展创新，到如今种类繁多、用料各异、品种齐全、用途不一，是建立工作生活空间的重要基础。

家具其实就是为了方便人们生活起居的辅助性工具，我们需要坐着休息，则有了凳子、椅子，为了提高舒适度，后来又有了沙发、沙发椅等；需要吃饭，则创造出了餐桌；为了放置客厅闲置物品，则有了茶几；因为有了电视机，所以电视柜也出现了……总而言之，家具的出现和不断变化，就是为了适应我们的生活需求。在满足基本使用需求的同时，人们渐渐地对家具的造型、大小、色彩、材质等各方面都有了要求，尺寸合适、色彩和谐、材质环保的家具，是构成我们和谐美好家居环境的重要元素。

（二）家具的风格

家具的风格可以影响室内设计风格，或者说室内设计风格需要靠单个家具相互拼搭才能完整展现。

中式风格的家具，用材一般为实木材质，色彩多为木质色本身，色彩沉稳、大气，价格也因为材质的原因比一般家具偏贵。

日式风格的家具，体量偏小、色彩多为原木色、竹色等，色彩轻盈，材质也多为木质，适合营造日式和风的居家环境。

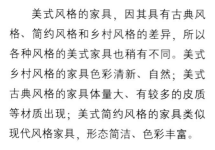

美式风格的家具，因其具有古典风格、简约风格和乡村风格的差异，所以各种风格的美式家具也稍有不同。美式乡村风格的家具色彩清新、自然；美式古典风格的家具体量大、有较多的皮质等材质出现；美式简约风格的家具类似现代风格家具，形态简洁、色彩丰富。

北欧风格的家具主要以时下比较流行的宜家家具为主，其设计感强，色彩普遍鲜亮，体量较小。

二、布艺

（一）布艺的定义

　　布艺是指布料上的艺术设计，在家居室内设计中包含布艺的主要有窗帘、布艺沙发、沙发抱枕、布艺地毯、布艺挂画、床品等，其中以窗帘最为醒目。

（二）布艺的特点

　　布艺产品因为材料的特殊性，在家居软装设计中起到了非常重要的作用，家居布艺设计可以直接影响软装风格的呈现。布艺饰品则主要通过其变化多端的色彩、外在形态对家居软装产生影响。布艺可以柔化室内空间生硬的线条和死角，营造出一种温馨、舒适的家居环境。

YR-E11038YL　　　　YR-E11039YL

三、灯饰

（一）灯饰的定义

灯饰是指具有装饰功能的灯具。在房屋只提供遮风避雨功能的时代，灯具也仅仅是一个功能性产品，我们利用电灯替代煤油灯、蜡烛，在深黑的夜晚为夜间室内活动补充光源。渐渐地，室内装修发展得越来越成熟，灯具已经不能仅作为光源补充的物件存在，它华丽的造型、丰富的色彩都是提升居室格调、丰富室内装饰环境的重要存在，灯具也就慢慢演变成了灯饰。

（二）灯饰的类型和作用

灯饰由于使用的空间不同，其具备的功能也不太一样。在进行软装搭配设计的时候，可以根据室内设计风格的不同增加不同风格的灯饰。

吊灯主要有：欧式奢华水晶吊灯、简洁创意的北欧风格吊灯、经典别致的美式铁艺吊灯及画风古朴的中式元素吊灯等。

落地灯主要有：现代简约的落地灯、禅意中式宫廷灯、奢华水晶落地灯等。

除此之外还有壁灯、吸顶灯、灯带和台灯等，这些灯饰都是利用其本身的风格和造型，烘托出恰如其分的室内氛围。

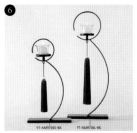

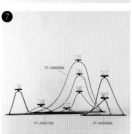

四、墙纸

（一）墙纸的定义

墙纸是用来装饰室内墙面的一种材料，随着技术的革新，墙纸的材质不仅仅只有纸，还包含其他材料。墙纸的类型丰富，有涂布墙纸、覆膜墙纸、压花墙纸等，能够解决墙面单调的问题，是室内装饰设计中常用的装饰材料。

（二）墙纸的作用

室内装饰风格越来越丰富，而在室内装饰工程中，墙面由于占据比较大的比例，所以墙面美化也是装修中的重要环节，墙纸品种繁多，色彩丰富，可以适应各种不同墙面的设计风格，帮助营造和烘托出风格特点。

五、装饰物

软装配饰中体量较小、主要价值为装饰美化、实用价值较小的饰品统称为装饰物。软装设计中的装饰物主要有：装饰画、陶瓷摆件、花艺绿植、抱枕等。

如果将整体软装设计比作一个娇羞的美人，装饰物就是锦上添花的项链、戒指。不同设计风格的家居空间，其装饰物的使用也是不一样的。

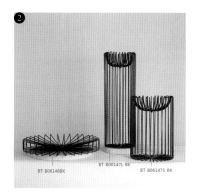

［现代简约风格的空间，适合搭配设计感强、线条简洁大方的饰物。］

［田园风格的空间，可以搭配色彩温馨、外形可爱的饰物。］

［北欧风格的空间，可以搭配造型简洁、清新的绿植和具有北欧地域风情的饰物。］

第二章

新中式风格的
软装创意

· 新中式风格软装单品推荐

· 新中式风格的 32 个软装创意

· 新中式风格实景案例展示

Soft Outfit Matching of

New Chinese Style

新中式风格，
古典中式的精华与特色的体现

这种结合现代人生活起居习惯，

并延续中式传统元素的新中式风格，

让带有中式元素的设计和现代的生活环境融合在一起，

让室内设计兼具中式的沉静和现代的时尚。

软装元素

墙纸

布艺

灯饰

家具

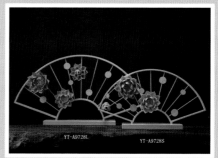

装饰物

第一节　新中式风格软装单品推荐

一、家具

（一）客厅家具

YR-C9625L-BK

YR-C9625S-BK

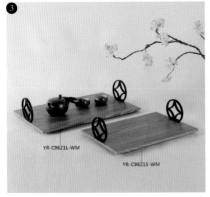

YR-C9621L-WM

YR-C9621S-WM

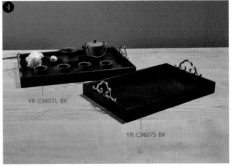

YR-C9607L-BK

YR-C9607S-BK

［茶与茶具带来了不一样的意境与品味，中式的雅致、沉淀和大气突出了现代中式风格，色彩上干净而不压抑。］

［素雅的清新绿，带来了客舍"青青柳色新"的诗意。］

［中式家具多采用实木材质。］

（二）餐厅家具

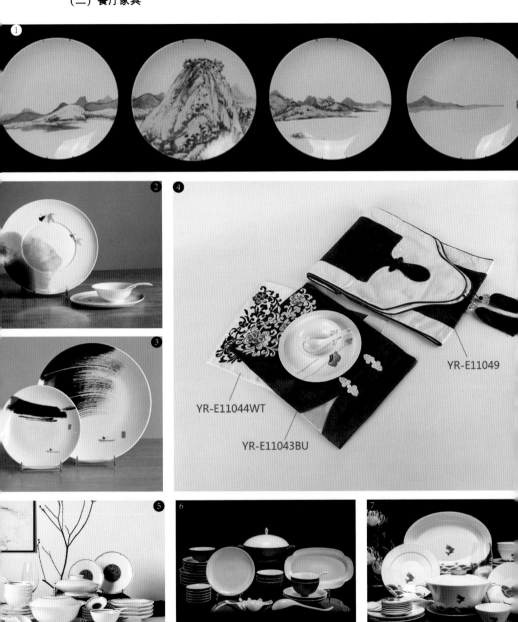

YR-E11049

YR-E11044WT

YR-E11043BU

[浓墨淡彩，呈现雅致中式山水风的餐具。不一样的山水，一样的唯美中国风。]

（三）书房家具

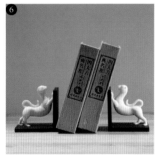

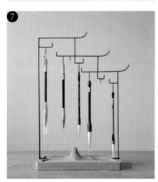

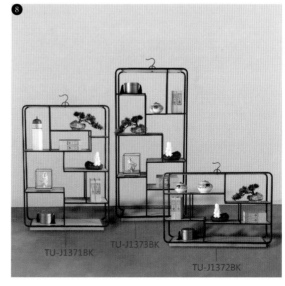

［中式文化元素丰富且独具趣味，北京鸟笼十分具有中国气质，将这些小元素巧妙地融合在书架中，可以烘托出中式雅致的氛围。］

（四）卧室家具

二、布艺

（一）窗帘

[新中式风格主要通过仿照明清时期的整体家具来营造空间的中式氛围，其室内布局方式为对称式布局；室内空间色彩则以黑色、红色、褐色为主；在整体效果上，显得沉稳、大气，是一种身份和品位的象征。]

（二）床品

产品货号：FY-005-1

［中式风格的床品选择范围比较大，主要运用的色彩有枣红、藏青、明黄等，款式和风格方面
要求大气、典雅。］

(三) 地毯

地毯样品

[泼墨山水的地毯，彰显沉稳、大气。]

三、灯饰

（一）吊灯

中式吊灯的设计源泉就是各种中式元素：中国结、中国文字造型、窗花等。从其造型和外观即可看出其中式血统。

［材质：五金喷漆 + 布艺。］

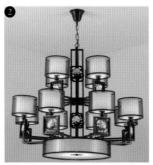

［材质：铁 + 布艺 + 陶瓷。］

［材质：铁 + 布艺。］

（二）落地灯

［材质：五金喷漆 + 布艺。］

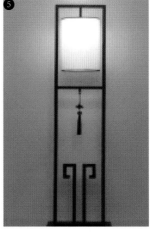

［材质：五金喷漆 + 布艺。］

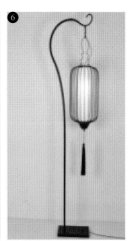

［材质：五金喷漆 + 布艺。］

(三) 台灯

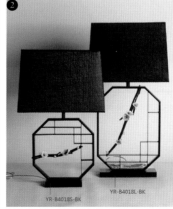

（四）装饰灯

鸟笼造型、徽派建筑造型、铜钱币造型的各式装饰灯，让中式风格的细节更加完整。

YT-A9706BK　　YT-A9707BK

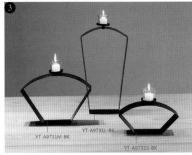

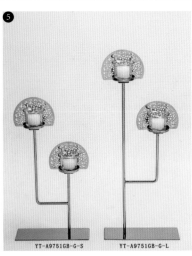

YT-A9751GB-G-S　　YT-A9751GB-G-L

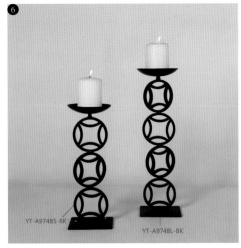

YT-A9748S-BK

YT-A9748L-BK

四、墙纸

（一）风格

（二）材质

五、装饰物

（一）装饰画

（二）工艺摆件

（三）绿植花艺

（四）挂画

中式字画和山水画既是艺术品也是完美的装饰物，能够很好地烘托出中式情怀和氛围。

第二节　新中式风格的 32 个软装创意

一、新中式风格介绍

（一）新中式风格

新中式风格是室内设计发展中一种回归本我的表现，更是发扬和传承传统文化的体现。本节内容希望通过解读不同性质的空间，从软装搭配的角度，总结出一些新中式风格营造的规律和方法。

（二）新中式风格的类型

新中式风格经过了一段时间的发展，有其自身的特点和独特之处。经过众多设计师的改良、探索和创新之后，其具体的表现形式也有了差异。这种差异主要表现为空间层次的复杂与简洁、整体空间色彩的厚重与灵动、传统家具材料的贵重与现代新型材料的轻便等方面。较多体现传统设计文化的表现风格，这里暂且称之为新中式风格；倾向于运用现代材料、更加开放的空间格局和素雅的室内设计色调的表现风格，称之为现代中式风格。

新中式风格常采用红木、黄花梨木等比较昂贵的实木木材，室内陈设的装饰选用具有古典元素的屏风、古董花瓶和博古架等物件。

现代中式风格是在继承传统中式文化的同时，更加致力于改良和创新的一种新的表现形式。这种风格里的家具，外形上是中式风范，但是在家具用材方面更加经济实惠，造型方面更加轻盈通透，家具色彩

YT-AM9758BK　　　YT-AM9758GL

方面倾向于木质本身的色彩。现代中式风格，空间上通透而开放，色彩上干净而不压抑。

（三）新中式风格的特点

（1）布局形式上讲究对称，如家具摆设的对称、装饰元素的对称。

（2）间设计方面讲究层次感，除了空间内部原有的墙体划分空间外，也可以使用带有中式元素的屏风、布帘、珠帘、竹帘及博古架等进行空间的再次划分。

（3）通常使用中式园林中的借景手法营造多个室内景观焦点。

（4）装饰色彩方面以红色、黑色、白色为主，整体风格比较大气、沉稳和内敛。

［家具的摆设根据了新中式风格的特点，布局形式上讲究对称。］

［利用中式元素的屏风进行空间的再次划分。］

［屏风处使用借景手法营造多个室内景观焦点。］

［以红色、黑色、白色来表现，客厅给人感觉大气、沉稳与内敛。］

二、新中式风格的软装创意

（一）客餐厅

创意 001

木作家具的色泽区别增加空间层次感

中式家具多采用实木材质，而且体量偏大，是影响室内设计风格和氛围的重要元素。巧妙利用中式木作家具原本的色彩，将色泽深浅不同的家具进行搭配，可以增加室内空间的层次感。

创意 002

利用绿植营造中式优雅空间

　　大空间加入大量绿植的点缀，如天堂鸟、琴叶榕等植物，象征美好意义，使整个空间充满文艺气息，更具生气。

创意 003

何不如用一面泼墨山水的屏
风墙分隔空间

创意 004

颇有意趣的装饰吊灯营造中式雅致氛围

中式文化元素丰富且独具趣味，北京鸟笼、中国结、红灯笼等十分具有中国气质，将这些小元素巧妙地融合在灯饰中，可以烘托出中式雅致的氛围。

创意 005

中式装饰画可以用来丰富美化单调
的客餐厅角落和走道

[壁画墙纸古色古香，以雀鸟象征尊贵生活。搭配中式典雅木柜、装饰瓷器，为客厅一隅增添自然情趣。]

创意 006

创意中式壁纸可以丰富客餐厅环境

如果你不喜欢太过沉闷或者稳重的中式氛围，可以选择在沙发背景墙、电视背景墙或者局部墙面采用中式图案的墙纸或者墙绘，让家里的中式风格更加温馨一些。

创意 007

客餐厅可用具有中式韵味的瓷器花瓶来点缀空间，突出特点

瓷器自古就是我国特有的装饰物，使用价值高，装饰效果好，各种造型的瓷器外观美丽、大方。我们可以挑选一些形态、色彩与整体家居设计相协调的花瓶瓷器，再配上一两株造型别致的花束、枝条，营造中式禅意空间。

创意 008

中式客厅可以搭配藤、竹、草、麻质地毯，还原中式生态风貌

中式客厅由于风格局限不能使用地毯？NO, NO, NO, 其实选用藤质、竹质、草席、麻料等材料手工编织而成的地毯更具有中式田园风情，能够更好地营造出归园田居的效果。

创意 009

巧妙运用"出淤泥而不染，濯清涟而不妖"的荷元素，
让你的家变得朴素而不简单

　　一首《爱莲说》，让多少文人雅士爱上"出淤泥而不染"的荷花。荷花外形美丽、花朵硕大且色彩丰富，很多中式风格的室内搭配中也比较喜欢用到荷花元素，其中，不管是用荷花、莲蓬、荷叶制成干花的观赏花束，还是用瓷器、铁艺等其他材质再现的荷元素饰物，抑或是描绘荷花的装饰画，都能很好地让人感受到中式风情的存在。

（二）卧室

创意 010

利用不同材质的床头背景墙，
打造出别出心裁的中式卧室

　　中式风格的室内设计由于其家
具材质比较单一、体量偏大、色彩
浓厚，所以容易给人造成千篇一律
的感觉，我们可以巧妙地利用床头
背景墙的多样性，利用不同材质、
不同色彩的壁纸，营造出别出心裁
的中式卧室。

创意 011

协调一致的床品与窗帘相搭配，
为中式风格的优雅加分

卧室里墙面和地板都是背景与陪衬，色彩鲜艳、样式丰富的床品与窗帘就像是华丽的服装，可以瞬间将整体房间的气质改变。不同色彩、不同款式的布艺相搭配，可以营造出不同的中式风韵，有些是雍容华贵的，有些是清新淡雅的，有些是简朴田园的，有些则是禅意浓浓。

创意 012

优雅中式床头柜，兼具美观与实用的特点，为卧室增色不少

许多卧室都会在床的两侧或者单侧放置造型美观的床头柜，既方便又实用。中式卧室的床头柜可以选择造型小巧、外形别致的款式，局部点缀的中式元素配饰要与房间整体风格相搭配。

[色彩简洁、线条简约的中式床头吊灯，是简化后的带有中式元素的灯饰，其造型别致大方，配合整体房间的氛围，让中式风情展现得更加彻底。]

[荷花、荷叶造型的床头壁灯，精致而小巧，是整个房间的点睛之笔。]

创意 013

巧妙运用中式元素床头灯饰增加房间的乐趣

灯饰精致而小巧，除了其本身的造型与色彩外，灯光的绚烂也为其增色不少。中式元素的床头灯饰可以为卧室增加更多创意和惊喜。

创意 014

造型多样的卧室顶灯，借用中式元素，胜在颜值与气质

小巧精致的中式装饰画，可以提升卧室格调

卧室的装饰画由于放置位置的关系，一般体积比较小、质量轻，尤其用来装饰床头背景墙时，要考虑到安全与美观兼具，会挑选小而精致的画作。

创意 016

为中式卧室挑选一盆可爱又环保的绿植，净化屋内空气

创意 017

利用现代风格的地毯为中式卧室增添光彩

传统中式风格的室内设计中，地毯使用得不太频繁，这是由于自古以来人们的居住习惯导致的。随着经济水平的提高，越来越多的家庭对于地毯有了新的认识和需求，很多色彩明快、线条图案简单的现代风格地毯也经常被用来搭配中式室内风格。风格不太突出的地毯作为背景元素，也能为整体空间增色不少。

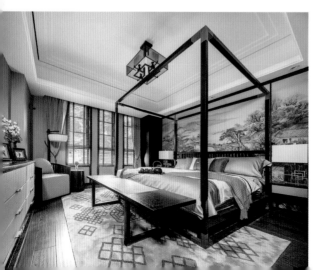

创意 018

精致有趣的装饰物，挂在床头或
是摆在小柜上，也是不错的搭配
方法

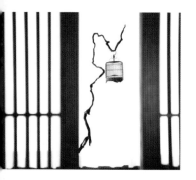

创意 019

书房不够韵味？
放置些有意蕴的小玩意，书房瞬间变禅室

　　中式书房往往容易给人一种带有禅意的印象，平淡无奇的书房仅仅只有书桌椅、几卷书稿和挂画怎么行，大家可以参考中式传统元素，配合着香料、瓷器、茶盏等小物件，提升书房的格调和气质。

创意 020

装饰简洁、线条简单，
营造出质朴现代中式书房

现代中式风格的家具线条简单、边角圆润，搭配上深沉的家具色彩，可以营造出质朴的现代中式书房。

创意 021

造型多变的中式书桌，为没有灵感的你提供
更多的创意可能

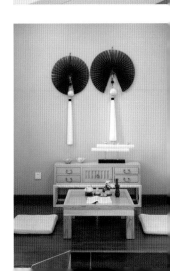

创意 022

清茶一盏、书香一缕，书房，
也是一个修炼场

　　书房、茶室是家里学习、冥想的场所，为了和家中温馨气氛有所区别，中式风格的书房、茶室一般具有沉稳、安静的特点。利用各种小元素，去烘托学习、思考的氛围，也是书房、茶室软装设计的一种方式。

创意 023

利用富有活力的中式盆栽，调节中式书房的沉闷

中式书房往往给人一种低调的质朴气质，古色古香的书房与生动活泼的盆栽相搭配，可以缓和过于沉闷的书房氛围。

创意 024

巧用榻榻米＋闲置空
间，打造一个休闲禅意
茶室

（四）角落·走道·玄关

创意 025

小妙招克服室内走道死角的单调性

　　室内有长走道？占面积不说还不太美观，可以用"装饰画＋小案几"的方式完美攻克室内死角的单调性。

创意 026

用创意小饰物和绿植提升室内
"刁角"格调

　　大家在家庭装修的时候有没有发现，其实主体空间的设计和搭配只要遵循一定的规律和风格特点很容易营造出有质感的效果，但是有时户型存在缺陷或者一些奇怪的边角落，如果碰到面积不大但是影响很大的"刁角"最好的办法是利用创意饰物或者绿植进行修饰、点缀。

创意 027

多种方式合理美化楼梯角落空间

创意 028

推荐几款精致
小巧的中式盆
景用来美化角
落空间

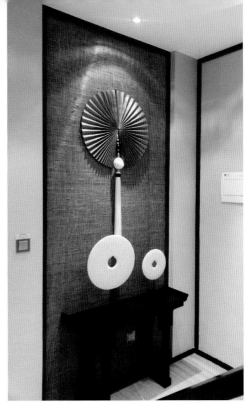

创意 029

打造中式典范玄关

中式风格的室内设计对于空间布局有一定的讲究，
玄关空间的藏与透、饰品家具的搭配也都有一定的原则。

创意 030

巧用透景方式，让光与影的艺术丰富角落空间

透景是中国园林设计构景方式之一，它是从框景发展而来，框景巧借园林外的美丽景色，将镂空的花窗比作画作的装裱框架，将美丽的景色框选其中。透景源于此而又不同于此，其景色若隐若现实为神秘，运用在中式室内设计中也是恰到好处。

创意 031

灯光与饰品的完美搭配，开拓玄关新视野

创意 032

利用鸟笼装点室内多余边角空间

The Breeze Came Slowly

清风徐来

［客厅整体以沉稳的灰褐色为主，局部点缀祖母绿和帝国黄，配以简洁内敛的家具灯饰，如同棋盘散开的地毯呼应整个空间的色彩对比。
棕茶色的窗帘与亚麻色的灯罩相呼应，给空间增添了一丝静谧之美。］

色彩以烟墨色系为主体基调，点缀极具东方传统气质的祖母绿、孔雀蓝、帝国黄，沿袭了各自的优雅高贵，又在结合之余，创造了新的吸引磁场，使空间既保持着宽敞明亮的视觉观感，又铺陈了儒雅温润的氛围。

设计公司：徐州印尚设计
设计师：尚冰
项目面积：450m²
设计风格：现代中式
项目地点：徐州

　　"新中式"风格已逐渐成长为代表中国文化的现代设计风格。

　　本案例不刻意地描述某种具象的场景或物件，将中国传统家居中清雅含蓄的经典元素，与现代设计手法相结合，将东方文化的美感融入现代生活。

［以蝴蝶实物画为背景，顶部以黑钢勾边，优雅又不失灵动，为餐厅营造了时尚精致的用餐氛围。］

[顶面和地面的线条采用中式传统的上下对称
设计手法，遥相呼应，平衡和谐。]

[中式水墨画竹叶元素的床品，构建出典型的东方语境，
呈现了书香之家独有的气质。在沉稳的相思灰中加入一
抹孔雀蓝，大气却不失雅致温馨。]

第三章

现代简约风格的
软装创意

- 现代简约风格软装单品推荐
- 现代简约风格的 32 个软装创意
- 现代简约风格实景案例展示

Soft Outfit Matching of Modern
Minimalist Style

现代简约风格，
以"少即是多"的理念展现新的认知

现代简约风格具有以下特点：

空间布局更加简洁，

空间元素具有线条感，

空间色彩纯粹而干净，

材料讲究整体性和统一性。

软装元素

墙纸

布艺

灯饰

家具

装饰物

第一节 现代简约风格软装单品推荐

一、家具

（一）客厅家具

［以一种"少即是多"的理念展现出设计师们对设计方式的新的认识。］

（二）**餐厅家具**

[吧椅]　　　　　　　[餐椅 -1]　　　　　　　[餐椅 -2]

[餐桌]　　　　　　　[三叉圆餐桌]

[在人均住宅面积日渐狭窄的现实条件下，极简风格的室内设计获得了更多人的推崇和热爱。]

（三）书房家具

[直线、曲线、折线等，能够很好地划分空间布局。]

（四）卧室家具

［双人床-1］

［床头柜-1］

［双人床-2］

［床头柜-2］

［梳妆台］

［衣柜］

［现代风格的室内设计在物料的选择上，以自然、简单、明快为主要要求。］

二、布艺

（一）窗帘

［造型简洁的家具搭配上色彩沉稳的窗帘，让现代风格的室内瞬间变得时尚起来。］

（二）床品

（三）地毯

地毯的材质、图案和色彩更加现代化和抽象化。

［与现代简约风格搭配的地毯在色彩和图案的选择上也倾向于时尚、抽象，让整体空间显得协调一致。］

（四）挂画

三、灯饰

（一）吊灯

创意造型是现代风格灯饰的主要特点。

［材质：铁艺烤漆。］

［材质：铁艺烤漆＋玻璃。］

［材质：铁艺。］

［材质：铁艺。］

［材质：铁艺烤漆。］

［材质：铁艺烤漆。］

（二）落地灯

［材质：铁艺烤漆。］

［材质：铝材＋五金。］

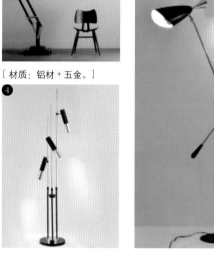

［材质：铁艺烤漆。］　　　［材质：铝材。］　　　　　［材质：铁艺烤漆。］

（三）台灯

（四）装饰灯

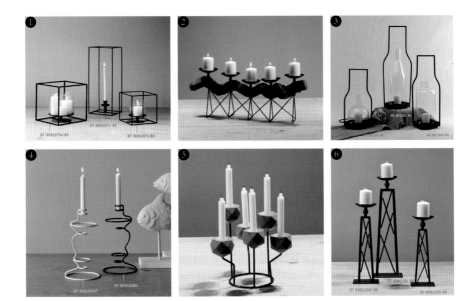

四、墙纸

（一）风格

（二）材质

材质的种类越来越丰富，形态也多种多样。

五、装饰物

（一）装饰画

（二）工艺摆件

BC-A00873YL　　　BC-A00874WT

BP-C05035L　　　　　BP-C05035S

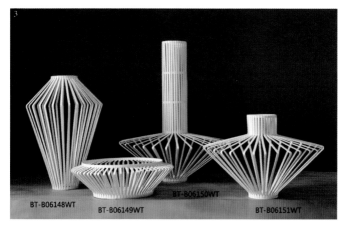

BT-B06148WT　　BT-B06149WT　　BT-B06150WT　　BT-B06151WT

BC-A700821L-GR　　BC-A700821S-TL

BT-B06029M-WT　　BT-B06029L-WT　　BT-B06029S-WT

（三）绿植花艺

BP-C05106GA

BP-C05105GA

BC-A00855WT

BC-A00854GA

BP-C05116GA

BP-C05115GA

第二节　现代简约风格的 32 个软装创意

一、现代简约风格介绍

（一）现代简约风格

现代简约风格是艺术的一种抽象表现形式。最开始是在绘画等领域被艺术家所认识和接受，后来逐渐发展到居家空间设计和建筑设计中，以一种"少即是多"的理念展现出设计师们对设计方式的新的认识。

极简主义在近些年的室内设计中逐渐形成一种风潮和趋势，随着经济的高速发展，城市中涌入了越来越多的人，对住宅空间的需求越来越明显，在人均住宅面积日渐狭窄的现实条件下，极简风格的室内设计获得了更多人的推崇和喜爱。

（二）现代简约风格的特点

1. 空间布局更加简洁

现代简约风格的室内设计为了更好地满足人们对于居住空间的需求，坚持挖掘空间布局原有的特点，让较小的空间在较少的装饰材料、简洁的家具等环境下显得通透、简洁和时尚。

2. 空间元素具有线条感

不管是原有的建筑空间格局，还是家具陈设，都具有线条感十足的特点。直线、曲线、折线等，能够很好地划分空间布局，不拖泥带水，也没有额外的装饰。重复使用造型单一的家具和陈设，能够体现出空间的整体感和统一性。

3. 空间色彩纯粹而干净

空间布局的色彩不追求丰富，而是选用单一的色系，并在局部需要突出的地方采用小面积、小体量的鲜艳色彩作为点睛之笔。

4. 材料讲究整体性和统一性

现代简约风格的室内设计比较注重色彩和材质的统一性，简单统一的材料反复出现可以起到强调和突出重点的作用。大面积使用一种材料，能够营造通透、简洁的空间。

二、现代简约风格的软装创意

(一) 客餐厅

创意 033

镂空隔断营造开敞的
空间效果

小户型的家有时候因为
面积偏小，空间显得过于狭
窄沉闷，在装饰风格上选用
色彩轻快、干净的现代简约
风格能够较大程度地减少室
内的压抑感。如果客餐厅空
间有限，可以利用镂空隔断
营造出开敞的空间效果。

创意 034

黑板墙面增加客厅的乐趣，扩大小孩子们的活动空间

孩子们的天性就是涂涂画画，但是精心布置的室内装饰，如果被孩子们用各种色彩、各种童趣图案涂画，难免有点不太忍心。那就把客厅闲置的大白墙刷成大黑板吧，既可以充当留言板，也为孩子们增加了涂画的空间。

创意 035

用色彩鲜艳的花束、绿植点缀简约的空间

现代简约风格的室内设计以简单的线条、创意的家具和轻快的色彩为特点，色彩鲜艳的花束和绿植可以点缀简约式的家。

创意 036

创意灯饰让现代风格的楼梯变得时尚又潮流

隐藏在楼梯里的暖色照明灯让木质色的楼梯显得十分明亮，整体空间也跟着时尚起来。

创意 037

利用个性小茶几让客厅变得
创意无极限

创意 038

幽默、诙谐的装饰画将简约风格的室内渲染出了笑意

选择纯白的墙纸、清水泥质感墙纸与木皮贴面、玻璃为主材，简单的色彩、明亮的光线搭配上一幅充满诙谐和幽默的装饰画，让室内空间灵动起来。

创意 039

具有现代感和设计感的小家具，可以提高整个室内的格调

创意 040

客厅角落处安置一台现代风格的落地灯形成新的空间

客厅角落处配置一台具有现代风格的落地式照明灯，补充室内光源的同时还可以让容易被忽略的空间变得突出和亮眼。

创意 041

沙发背景墙的创意装饰，简单元素也能增加无限乐趣

现代简约风格的沙发背景墙可以利用一些色调柔和、线条简洁的装饰背景材料进行装饰和美化，让墙面变得丰富。

创意 042

利用同系列的灯饰，
从造型、色彩和材质
方面将客餐厅环境统
一起来

创意 043

挑选相同气质和格调的家具配合室内色彩与材质，让简洁的家变得不简单

现代简约的室内设计在色彩搭配和材质使用上是秉承"少即是多"的原则，客餐厅的沙发、餐桌椅、茶几等在材质、色彩和造型等方面可以迎合整个室内空间设计，让整体环境协调舒适。

创意 044

客厅里精致的小物件，
既美观又充满乐趣

创意 045

简约的客厅，也可以搭配美如画的地毯进行装饰

造型简洁的家具搭配上一块色彩缤纷的地毯，让现代风格的室内瞬间变得时尚起来。本创意中的彩龙地毯，借由其艳丽的色彩散发出浓郁的异国风情，为客厅素雅精致的格调中增添了活力。

创意 046

一起动手将客厅闲置墙面改造成照片墙，将生活和爱装进我们的家

(二) 卧室

创意 047

利用色彩的协调将卧室内的
软装元素统一起来

　　卧室的定制手工地毯来自印度知名地毯品牌 Jaipur Rugs，图案由澳大利亚设计师设计，全手工制作，其柔和淡雅蓝色调，与卧室的床品、沙发浑然一体，并与窗外的海景遥相呼应。

创意 048

不同特色的墙纸
可以营造出不同的气质

　　黑白灰的基调、自然的
原色木纹、明晰的空间线条，
勾勒出简洁清新的硬装简约
之风。利用大面积的特色墙
纸可以改变整个卧室的现代
气质调性。

创意 049

简约风格的装饰画为卧室增加印象分

现代简约风格的装饰画，造型简洁、画风清新，可以用来装饰卧室内的床头背景墙或梳妆台等。

创意 050

气质灰 + 柔美灯光，让卧室显得神秘又宁静

创意 051

**优雅床品＋创意床头柜＋简约灯饰，
打造不平凡的现代风格卧室**

　　温柔渐变的牛仔蓝床品，搭配上创意
十足的床头小家具，在灯光的照射下，显
得优雅又迷人，也许这是现代风格的另一
番面貌。

创意 052

让兴趣装点你的
生活空间

如果你有让自己沉迷不能自拔的爱好，又或者你是摄影、绘画、书法、音乐的发烧友，不妨学学这位屋主，让自己最钟爱的宝贝成为最亮眼的装饰物。

创意 053

自己动手制作一个
个性的床头柜吧

　　家具城的家具都千篇一律，名师设计的单品又昂贵无比，想要一个创意无限、个性不同的床头柜？那就自己动手制作一个吧。

创意 054

一张舒适的沙发椅，一座精致明亮的落地灯，足以撑起一个个浪漫的夜

（三）开放式厨房

创意 055

为你的厨房点亮一盏创意、时尚的灯

开放式厨房在现代风格的室内设计中比较常见，它比较适合那些喜爱西餐的家庭，可以让客餐厅空间变得更加开阔舒适。如果为这样的空间再搭配上一两盏造型别致、个性突出的灯饰，也会是一种情趣。

创意 056

精美的餐具也可以成为装点
开放式吧台的饰物

精致的餐具有时也会成为亮丽的闪光
点，既美观又实用，是厨房搭配中不可错
过的小秘诀哦。

创意 057

干净利落的开放式空间，利用吧台椅为整体空间增加色彩

创意 058

搭配植物的开放式厨房，把大自然收归眼底

厨房旁的小树，好像赋予了这个空间灵动的生命和活力。

（四）书房

创意 059

用一墙面的书，营造一个书香四溢的书房

是不是很想拥有一整面墙的书，闲来无事的时候可以泡在书房里捧起一本自己喜欢的书消磨一下午的时光。

创意 060

用简单绚丽的装饰画装饰单调的书房墙面

女性化的书房不想死气沉沉和呆板，可以考虑使用绚丽、缤纷的色彩和简单的装饰画进行点缀，让整个书房空间灵动、活泼。

创意 061

色彩稳重的家具适合男性化的书房设计

创意 062

既是书房又是画室，何不用你的画作装饰这个创作空间

工作间，是属于独自一人的天地。在冷冷的白灰调子下，斑驳陆离的颜色渲染而开，席卷整个空间。画作上绚丽夺目的色彩缓解了书房严肃的氛围，在工作之余，拿起画笔勾勒一组几何石膏体，是释放内心压力的绝好方式。将各种情绪利用各种线条细细描出，品尝自己所倾泻的感情。生活其实就像几何体一样，只需要找到结构线，简简单单即可。

创意 063

利用身边的小物件，调整造型使之成为书房的
美好装饰物

　　秋天落下的干树枝、小松果，这些随手可得的小物
件经过我们的巧手拾掇，绑上彩带、插进花瓶，也能成
为别有一番风味的装饰物。

创意 064

简单线条的家具，打造简约的书房气质

现代简约风格实景案例展示

Family of simplicity

简约之家

"我愿意深深地扎入生活，吮尽生活的骨髓，过得扎实，简单，把一切不属于生活的内容剔除得干净利落，把生活逼到绝处，用最基本的形式，简单，简单，再简单。" ——梭罗《瓦尔登湖》

设计公司：深圳戴勇室内设计师事务所
设计师：郑煜
项目面积：498m²
项目地点：广东省深圳市

　　本案例位于深圳湾商圈的核心位置，是隐于繁华都市中的静居雅境，纯粹到极致的空间与极简的家具沉淀在柔和变幻的光线中，置身其中，静谧无尘的空间气质环绕周身，沉醉在这空间的韵律中体悟心境的恬淡与闲适。

[由艺术家周洲舟精心创作的禅意山水墨品绘出的疏淡高远、清逸空灵、净澈澄明的意境，简练洒脱，西班牙 Nomon 极致简约的挂钟，随意布置的精致沙盘石雕与榕柏，细密流畅的木纹与石理，各饰物之间结成巧妙的内在联系，构成层次丰富和谐的空间意象。细细品味，方能读懂简约之家的每一处极致与揣摩，感受到每一丝匠心独运的微妙。]

[米色麻质球形灯饰错落有致地悬于客厅中空，精致淡雅的米色皮质沙发，方圆各一的深咖色茶几，肌理有别却又彼此呼应，从空间处理到家具的深浅搭配，光线从挑高的落地窗倾洒进屋，映衬着咖色细密纹理的胡桃木，透出禅意东方的人文气息与洗尽铅华的洒脱。]

[信步而上，二层楼梯间一整面白橡木书架辟出一隅静心阅读之所，依旧布置布艺与皮质结合的现代极简风格的家具，整个空间布局显得流畅自然。]

[竹影扶风，白水静穆，一阵清新的兰香足以让人忘却尘俗。身居简约雅舍，随走随望，移步换景，止于心安。在浮华与喧嚣如尘埃般散尽后，淡淡地绽放，一切自然而然。人生多少风景，终不抵内心的自在和轻松。]

第四章

北欧（宜家）风格
的软装创意

- 北欧（宜家）风格软装单品推荐
- 北欧（宜家）风格的 32 个软装创意
- 北欧（宜家）风格实景案例展示

Soft Outfit Matching of
Nordic (Ikea) Style

北欧（宜家）风格的
室内设计给人一种自然、简洁和明亮的感觉

北欧（宜家）风格具有以下特点：

轻装修，重装饰；

色彩搭配清新，贴近自然；

家具造型简单不累赘。

软装元素

墙纸

MR-E10033BU　　　MR-E10032BU

布艺

灯饰

家具

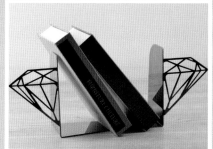

装饰物

第一节 北欧（宜家）风格软装单品推荐

一、家具

（一）客厅家具

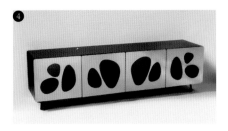

（二）**餐厅家具**

（三）书房家具

（四）卧室家具

❶

❷

❸ ❹

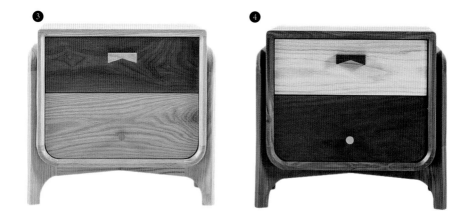

二、布艺

(一) 窗帘

（二）床品

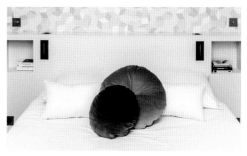

（三）地毯

（四）挂画

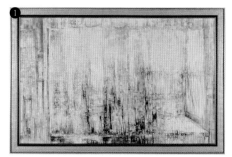

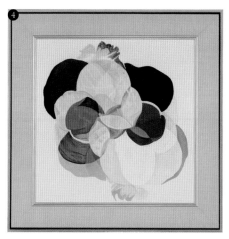

三、灯饰

（一）吊灯

（二）落地灯

(三) 台灯

（四）装饰灯

MT-B9908L-WT　　MT-B9908S-WT

MT-BM9934S-GL　　MT-BM9934L-BK

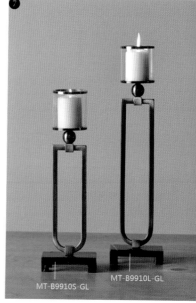

MT-B9910S-GL　　MT-B9910L-GL

四、墙纸

（一）风格

（二）材质

五、装饰物

（一）装饰画

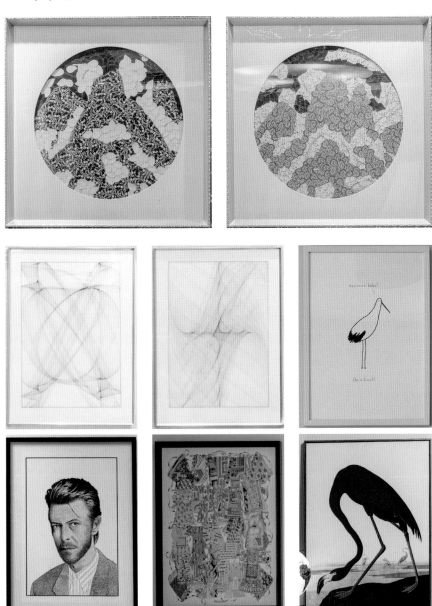

（二）工艺摆件

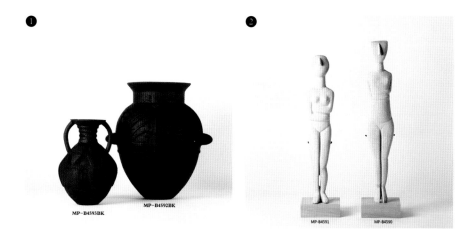

MP-B4593BK　　MP-B4592BK　　MP-B4591　　MP-B4590

（三）绿植花艺

MC-C6189　　MC-C6188

MT-A9559S-BK　　MT-A9559L-BK　　MT-A9559M-BK

第二节　北欧（宜家）风格的 32 个软装创意

一、北欧（宜家）风格介绍

（一）北欧（宜家）风格

北欧（宜家）风格主要指欧洲北部国家，如挪威、瑞典、丹麦、芬兰等国的艺术设计风格，而且主要指室内设计和产品设计的风格。北欧风格具有贴近自然、简洁、明亮的特点。

北欧（宜家）风格的形成及特点与北欧国家的自然气候和地理特点有关。挪威、瑞典等北欧国家纬度位置偏高，光照不太充裕且日照时间偏短，所以为了更大化地利用光照，北欧（宜家）风格的室内设计硬质装修一般很简洁，且在客厅布局时常使用大落地窗、大面积白色的墙面和地面来保证光线充足。而且由于当地的雨雪季节时间长，人又有亲近自然的天性，所以在室内装饰中会较多地运用更加自然、简洁的材料和饰物。

（二）北欧（宜家）风格特点

1. 轻装修，重装饰

北欧（宜家）风格在陈设布置方面比较重视，其硬装环节一般比较简洁，室内以白色墙面、原木色地板为主，装饰材料也都使用原始天然质感的材质。

2. 色彩搭配清新，贴近自然

北欧（宜家）风格的色彩一般选择冷色调，色彩搭配偏向于清新、自然和简洁。

3. 家居造型简单不累赘

不管是客厅的沙发，还是餐厅的餐桌椅，抑或是卧室的床与梳妆台，北欧（宜家）风格的家具普遍追求线条感，造型简洁不累赘，让整体空间灵动不沉闷。

二、北欧（宜家）风格的软装创意

（一）客餐厅

创意 065
更换不同的靠垫套呼应
不同的季节

北欧（宜家）风格的客厅家具中较常用布艺沙发，为了搭配与呼应整个空间的色彩和氛围，布艺沙发的颜色一般都是白色、蓝色等，如果觉得有些单调，或者换季后想要给家里增加一些新鲜感，可以尝试着多备几套不同色彩和图案的抱枕枕套。用不同的靠垫套呼应不同的季节也不乏是个好办法。

创意 066

让我们用精致的装饰画丰富单调的客厅墙面

如果客厅为了追求好的光线和干净、利落的格调，大部分人都会选择不用墙纸，而是直接刷白墙，白色的墙面显得室内空间比较开阔和干净，但是也不免有些单调。我们可以适当地使用一些装饰画装饰墙面或者背景，装饰画的尺寸和大小可以根据自己室内的面积和要求选定。

创意 067

利用简洁、大方的灯饰，提升客厅格调

创意 068

造型别致的绿植和盆栽也是营造北欧风的好道具

不管是新装修的房子还是已经居住一段时间的老宅，巧妙设计一些绿色植物和花卉的元素，会让整体空间显得生机勃勃。近几年北欧（宜家）风格十分流行，颇具现代感造型的部分绿植也得到了潮流人士的青睐，琴叶榕、仙人掌等搭配上混凝土花盆或金属花盆，好像瞬间改变了全屋的气质。

[仙人柱]

[琴叶榕]

[虎尾兰]

[鹤望兰]

[旅人蕉]

[龟背竹]

创意 069

推荐几种容易打造北欧（宜家）风格的单品植物

创意 070

想要精致的居住环境，那就从
塑造细节开始

　让我们成为细节控，合理利用一些高
品质单品和饰物，将室内空间装扮得更加
精致和亮眼。

创意 071

客厅搭配色彩简单、图案简约的地毯，更容易出效果

  温润的木纹肌理作为空间的基底，简洁舒适的浅灰色沙发搭配黑白相间的毛毯，用最简单的方式诠释北欧风情。

创意 072

创意装饰的楼梯，让家里充满乐趣

楼梯侧面是定制的马赛克拼图，选的都是通俗易懂的词，如果有小宝宝以后，也比较好教小宝宝走一级认一个单词，让家居生活充满温馨和爱。

创意 073

谷仓门，高格调装饰门，你值得拥有

　　谷仓门，外形质朴又酷炫，色彩也可以很缤纷，是提高室内居室格调的好道具，其价格从几千到上万不等，适合多种人群。谷仓门虽然好看又有创意，但是也有其自身的缺点，谷仓门密闭性不好，不适合用在油烟重的中餐家庭，也不能用在浴室。

创意 074

用装饰物美化餐厅墙壁，让
进餐时拥有好心情

创意 075

推荐一款宜家的储藏好物，美观又实用

宜家的这款带时钟的展示柜是近两年的装饰爆品，主要在于其外形独特、简洁、大方，而且实用性特别强，除了时钟功能外，有较强的收纳功能，不管是放在客厅还是餐厅，都十分美观和方便。

（二）卧室

创意 076

不想要单调的白墙？
何不采用与地板同款的
墙纸

　　北欧（宜家）风格的卧室一般追求干净和充足的采光，所以室内的墙面常使用白墙，不做别的处理。如果你不喜欢过于素净的白墙面，可以选用与地板风格和色调相一致的墙纸进行修饰和美化，效果也还挺不错。

创意 077

简洁又不乏精致的床头柜，
与其他家具一起营造出一个清新的北欧卧室

创意 078

对照又呼应的床头灯饰，让统一中富有变化

　　人们对床头灯饰有照明的需求，同时也希望能够利用灯饰的外在造型对整体空间进行装饰和美化。统一又富有变化的一组床头灯饰让空间显得活泼不沉闷。

创意 079

优雅又颇具线条感
的衣架，本身就是
一件亮眼的作品

　　木质色彩的衣架，
笔直而修长，线条感十
足，搭配在整体房间中，
十分和谐和美观。

创意 080

温暖的床品，温暖了你的家

创意 081

为你的北欧卧室，推荐几组装饰画

（三）浴室

创意 082

**用清新浴帘，
增加浴室乐趣感**

各种清新图案的浴帘
让干净、整洁的浴室显得
生机勃勃。

创意 083

面包砖 + 黑白瓷砖，营造现代感的北欧（宜家）风格浴室

　　面包砖不管是用在浴室还是厨房，都因为其高颜值而得到了很多人的赞美。不过厨房墙面瓷砖选用面包砖，后期生活中会存在清理打扫油烟的苦恼，用在浴室更为适合。

创意 084

小空间浴室，利用多层置物
架增加收纳空间

创意 085

无明显玄关的巧妙处理

　　没有明确玄关设计的客厅，可以在靠近门附近的位置放置鞋架或者置物架，墙上搭配少许装饰，也会显得简洁、舒适许多。

创意 086

玄关处设计小巧的挂衣钩，免去生活小烦恼

每次回家，想要换鞋时都会觉得身上的包包、手上的大衣不太方便搁置，如果在进门处的墙壁上设计一个小巧又精致的挂衣架或衣钩，可以免去这个生活小烦恼。

创意 087

合理利用厨房角落的闲置墙面

厨房角落闲置的墙面，可以做成一面黑板墙，平时写写备忘时间或者记录下家人们喜欢吃的菜谱，也不失为一种好想法。

创意 088

牛气哄哄的换鞋凳，让你
的生活牛气一下

　　玄关处的换鞋凳虽说不起眼，但是用处却十分大，没有它的帮助，经常蹲着或弯腰换鞋容易腰酸背痛。推荐这个小牛造型的换鞋凳，不仅舒适、美观，而且能够与室内的北欧风格和谐搭配。

创意 089

阳台角落的摇椅，
让生活更加惬意

创意 090

客厅小角落，巧变小书房

客厅电视柜附近的小角落，放置一把舒服的沙发椅、一盏明亮的落地灯，再加上墙上可以进行收纳的照片夹，俨然一副小书房的感觉。

创意 091

沙发旁的小空间，何不用小巧精致的抽屉柜装饰一下

　　我们在挑选家具的时候，经常会碰到尺寸不合适，或者放上主要家具后还有部分闲置空间没有用上，这个时候可以用好看又实用的抽屉柜进行搭配，一方面可以增加储物空间，同时也能减少闲置空间的浪费。

创意 092

玄关处不可缺少的穿衣镜

创意 093

餐厅卡座的小角落，巧变收纳小能手

很多家庭在装修的时候都喜欢请木匠师傅给家里面多做一些衣柜、榻榻米和卡座，餐厅内的卡座下有许多闲置的空间，正好可以利用这些小角落收纳一些客餐厅常用的小物件，让生活变得整洁又干净。

创意 094

巧妙划分多出来的走道空间，居然能变出一间房

创意 095

利用置物架、斗柜，丰富
闲置小空间

创意 096

楼梯转角处的角落，让一棵植物温暖整个冬季

楼梯转角处的角落一般家装设计时都会一带而过，如果你家的楼梯附近有比较好的光线并且也追求北欧（宜家）风格室内设计，可以尝试在角落处栽植一棵植物，冬季的阳光下，小生命在悄无声息地成长。

common jasmin orange

七里香

北欧（宜家）风格家居设计，线条利落简洁、干练、色彩多为单色，让家中呈现一种自然的舒适、干净之美。

设计公司：一野设计事务所
项目面积：105m²

　　木质地板，灰色乳胶漆的墙面，浅蓝色布艺沙发，金属腿茶几，白色的书柜，白色的单人沙发，一股浓浓的北欧范，更显明朗与温馨。

［白色、黄色、蓝色的塑料餐椅与原木色的餐桌搭配，现代与自然元素相结合。透明玻璃隔断，黄色窗套，让本不太大的餐厅显得更加通透与明亮。多种暖色调的融合，让餐厅氛围立刻活跃起来。头上的小吊灯不失可爱调皮，也让用餐生活更有情趣。］

［厨房色调以黑白色为主，黑与白是极简主义的代表色。深灰色水泥砖，白色橱柜，整个厨房空间线条简洁，黑白对比明确，看上去简洁干净的同时也带来另一种低调的宁静感，沉稳而内敛。］

［开敞休闲空间,木质榻榻米配上升降台,品一杯茶,读一本书,让家居生活轻松随性。］

①餐厅　②厨房　③客厅　④书房　⑤主卧
⑥儿童房　⑦卫生间　⑧阳台

第五章

田园风格的
软装创意

- 田园风格软装单品推荐
- 田园风格的 30 个软装创意

Soft Outfit Matching of
Pastoral Style

田园风格
常给人一种自然、乡村的舒适感

田园风格具有以下特点：

回归自然，是对自然向往的具体表现；

软装色彩比较清新，有生机、活泼的感觉；

装饰物多且种类丰富。

软装元素

墙纸

布艺

灯饰

家具

装饰物

第一节　田园风格软装单品推荐

一、家具

（一）客厅家具

[家具体量不太大，且色彩柔美舒适。]

（二）餐厅家具

[原木材质的餐座椅，造型甜美，色彩比其他风格的要丰富。]

（三）书房家具

（四）卧室家具

二、布艺

（一）窗帘

窗帘色彩丰富，且图案和花纹清新亮丽。

（二）床品

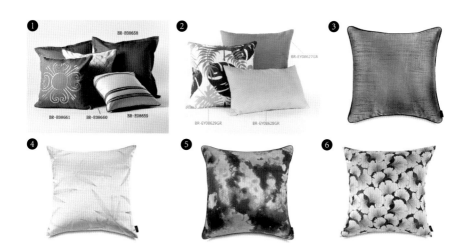

（三）地毯

（四）挂画

三、灯饰

（一）吊灯

（二）落地灯

(三)台灯

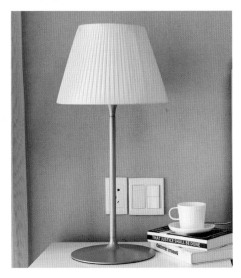

(四)装饰灯

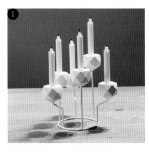
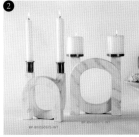
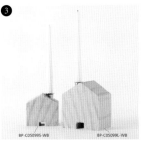

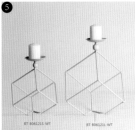

四、墙纸

（一）风格

碎花、条纹或者自然元素的墙纸风格比较适合田园风格的室内设计。

（二）材质

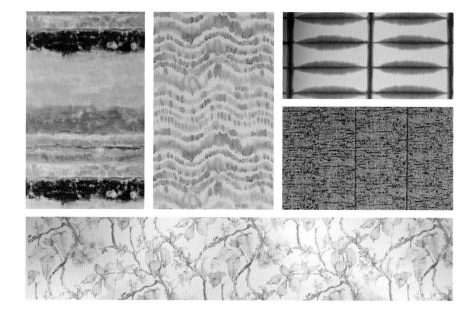

五、装饰物

（一）装饰画

装饰画可以选择一些以花鸟虫鱼为主题的画。

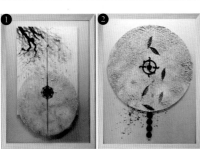

(二) 工艺摆件

❶ BC-B0052GR

❸ BT-B06083GB

BT-B06084GB-GL

❷ DARCHIN李
HOME DECORATION
10.2X15.2cm - 4X6in.

DARCHIN李
HOME DECORATION
7.8X7.8cm-3X3in.

BC-AY00845YL

BC-AY00844WT

(三) 绿植花艺

❹ BP-C05093BU

BP-C05092VT

❺

第二节 田园风格的 30 个软装创意

一、田园风格介绍

(一) 田园风格

田园风格是指通过装饰或者装修等各种手段将室内环境营造出一种自然、乡村、悠然见南山的田园氛围。田园风格的室内设计有一种亲近自然、向往自然的特点，是提倡回归自然的家居风格。

目前比较流行的田园风格主要有美式乡村风格、英式田园风格、中式田园风格和韩式田园风格，其中美式乡村风格最受喜爱。

传统的美式乡村风格的灵感来源于其西部文化和乡村度假木屋形式。在建筑设计上，比较具有原始气息，有粗犷、大气的特点。在室内设计上，常大面积使用宽厚、质感较粗糙的原木地板，一方面是因为取材方便、造价低廉，另一方面也跟当地居民习惯的生活方式有关。室内整体色调为深沉的棕色或咖啡色。在软装方面，沙发、窗帘和床品等都选用条状花纹或者植物花卉图案的布艺进行制作；装饰摆件多种多样，但主要还是以充满年代气息、自然风味或者具有较高纪念价值的装饰物为主，例如在餐边柜或者厨房陈列柜上摆放的原木相框、餐桌上的插花花瓶等。

　　经过发展更加适合现代人居住的美式乡村风格住宅，与传统风格相比，多了一些轻松、随意，少了一些深沉的色彩。在沙发、窗帘和床品方面，色彩选择上更加鲜艳和活跃；在家具体量方面，会根据住宅空间大小，合理布置体量合适的沙发、座椅、电视柜等家具，而不再是仅仅追求大体量的视觉感受；在陈设装饰物摆件上，为了突出美式乡村风格的特点，会较多地使用带有乡村田园气息的装饰物，如小鸟陶瓷摆件、成套的植物花卉挂画、碎花图案的抱枕以及鹿头样式的烛台等。

(二) 田园风格的特点

(1) 回归自然，是对自然向往的具体表现。

(2) 软装色彩比较清新，有生机、活泼的感觉。

(3) 装饰物多且种类丰富。

二、田园风格的软装创意

（一）客餐厅

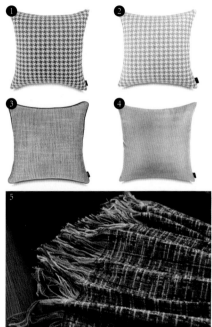

创意 097

织物的质地应选择棉麻制品

织物质地的装饰物、沙发、窗帘等能够让整体空间显得温馨、舒适，田园风格的室内设计，一般较多地选用棉麻质地的织物，从装饰材质上凸显出空间设计的自然、田园氛围。

 材质

温和的棉，质朴的麻，

润滑的丝，软糯的毛，

粗犷的皮革，细腻的涤。

在材质的选择过程中，

我们考虑拥有的不只是挺括的款型，

更是熨烫和滋养的温度，

材质的碰撞或交融，强调写意之美。

创意 098

通过局部点缀突出田园主题的偏现代式田园风格

现代田园风格的室内设计不再大面积地使用碎花装饰，而是通过局部点缀，如手绘植物主题的抱枕、横纹沙发单椅和田园风格窗帘等，突出田园气质。

创意 099

餐厅的藤条座椅更具有自然气息

创意 100

木作家具和装饰物保留虫眼和木纹更贴近自然

保留木材原本的面貌让自然的材质散发其原本的魅力。田园的魅力就是让人不禁向往自然、走进自然。

创意 101

山水、植物和花鸟主题的装饰画与田园风格更配

对于寄情于山水间的田园生活的向往，让人们喜欢将田园里最具有特征的事物反映在自己的生活中，山水、植物和花鸟主题的装饰画，让生活充满了自然的乐趣。

创意 102

餐厅中让人眼前一亮的 田园布艺装点

　　利用餐厅窗帘、椅垫、椅套中的田园风格布艺，将自然、清新的田园风格融入到家的每个空间。

创意 103

利用创意小饰品增加田园气氛

创意 104

田园风格的灯饰主打温馨的特点

田园风格的室内设计，在灯饰的选择方面范围比较大，需要烘托出温馨、舒适的氛围。造型或简洁或可爱或复古，都能够很好地融合在整体空间里。

创意 105

利用多种材质打造异域风情的田园风格

西班牙度假乡村风格的室内设计，让整体空间显得光线充足又浪漫温情，保留原始材料的质感，木材、石材的无缝拼接，乡村的气息流淌在这个完美的空间。

创意 106

随手可见的路边物件，也能成为刻画
乡村风情的秘密武器

鹅卵石，小陶罐，还有野外随处可见的
杂草，梳理、清洗一番，搭配在合适的位置，
也能成为刻画乡村风格室内居室的装饰物。

创意 107

带你挑选一款合适的田园风格窗帘

创意 108

素净的田园软装空间设计

素净的田园软装空间设计，摒弃过多繁复厚重的装饰，运用简洁的设计笔触和创新的搭配，着重于材质、色调与空间的对话。

创意 109

丰富的绿植装饰，可以增添乡村气息

　　点缀上几盆绿色的植物，让家成为最佳休憩的场所。墙面上自然植物的装饰画作为点缀，简约却很惬意。餐厅原木的色彩、泥土的芬芳以及片片绿色点缀，身处这样的空间，心情犹如穿过森林般自然。

创意 110

材质与色调的双重考虑，打造清新田园范

以干净清爽的色调作为基础，运用棉麻质感的布艺、家具、挂画与鲜花绿植搭配组合，使空间简约而舒适。色彩上使用沉静的高级灰墙面，与原木色和白色呼应。一组灰色系的棉麻布艺沙发撑起了舒适的客厅空间，让所有可被发挥的冷暖色彩都能自然过渡。自然主义情调的家具贯穿其中，看似简约的设计都有细节的造型变化。

创意 111

客厅角落的木质摇椅，带你回到了乡下外婆家

（二）卧室

创意 112

利用鲜花增加田园风格卧室的温馨气氛

鲜花作为装饰物，可以在视觉和嗅觉上带来美好的感官体验，田园风格的卧室可以多摆放一些鲜花，增加房间温馨的氛围。

创意 113

英格兰格子图案的墙纸
凸显卧室田园风

英格兰格子图案的墙纸配上昏黄的灯光，让卧室显得温暖而舒适，这才是家的模样。

创意 114

选择同色系
的床品与窗
帘，集中突
出田园特色

同为蓝色系的床上用品与窗帘相得益彰，卧室环境沉稳但不乏味，淡淡的田园风格特色也在这小小的空间中弥散开来。

创意 115

用造型别致、色彩素雅的床品，刻画乡村风

创意 116

卧室里的绿植，把春意带回家

卧室里简单地摆放着几株绿色盆栽，远远看去，都有了一种睡在丛林中的舒畅感。没有折叠的被子，随意摆放的枕头，也足以让劳累一天的人，对今晚的梦境心生向往。

创意 117

曼妙的窗帘也是装饰的利器

一扇别致的窗搭配一片优雅的帘，凸显静谧的田园气质。

创意 118

芥末绿的床头背景墙，
让田园风格的卧室变
得清新有活力

创意 119

浪漫田园风也可以很优雅

　　主卧弥漫着优雅的格调。浪漫的白色沙幔环绕，居于视线焦点的四柱床，伴着优美曲线的灰色墙面，反透着哑光的木纹地板，用艺术挂画来增添空间知性从容的调性。

创意 120

卧室增加一张舒适的沙发椅，让家变得更休闲

创意 121

改变玄关处墙壁的颜色，让轻松和活力从进门就开始

　　玄关处的墙壁颜色可以根据整体室内设计进行调整，色彩的不一样，也会带来不一样的效果。搭配方便收纳的斗柜和各种特色的装饰物，让舒适从进门的那一刻就扑面而来。不得不说，进门处墙壁上的钥匙收纳装饰盒，也是强烈推荐的实用小物哦。

创意 122

闲置走道放置斗柜，增加室内收纳空间

厨房与浴室之间有小小的闲置走道空间，可以尝试用各种实用的装饰物进行美化，而且还能增加室内的收纳空间，是小户型家庭的优选方案。

创意 123

玄关处创意衣帽钩，既可以突出田园风格，又能给生活带来便利

创意 124

试试用装修剩下的木料自己动手
做一个玄关装饰小花瓶

　　不少家庭装修都会请木匠师傅打造储物
柜、衣柜等，家具做完后还剩下许多木板、油
漆等材料，不妨废物利用，用木板、酸奶瓶、
麻线自己动手尝试做一个可以挂在玄关墙壁上
的装饰花瓶，既有趣又美观。

创意 125

别样创意鞋柜，
打造生动田园风格的玄关

创意 126

沙发角落可以利用造型别致的花瓶和植物进行点缀

　　沙发角落空荡无特点，何不选择一款适合你家风格的花瓶和绿植进行装饰，美观又环保。

第六章

现代美式风格的软装创意

· 现代美式风格软装单品推荐

· 现代美式风格的 32 个软装创意

Soft Outfit Originality of
Modern American Style

现代美式风格，
又称简约美式风格

现代美式风格具有以下特点：

注重"轻怀旧"情怀；

自由随性，不拘谨。

软装元素

墙纸

布艺

灯饰

家具

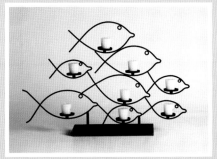

装饰物

第一节　现代美式风格软装单品推荐

一、家具

（一）客厅家具

（二）**餐厅家具**

（三）**书房家具**

（四）卧室家具

二、布艺

（一）窗帘

（二）床品

［成套的床品可以完整呈现卧室的风格，现代美式风格
的床品中偶尔会有一些美式元素的存在。］

（三）地毯

(四) 挂画

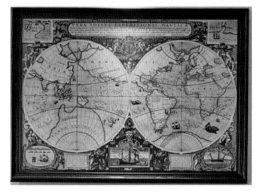

［挂画古典中又带有一点时尚的感觉。］

三、灯饰

（一）吊灯

（二）落地灯

（三）台灯

 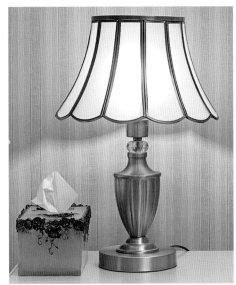

（四）装饰灯

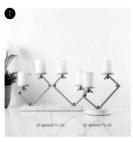 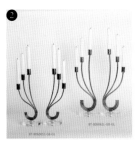 

四、墙纸

（一）风格

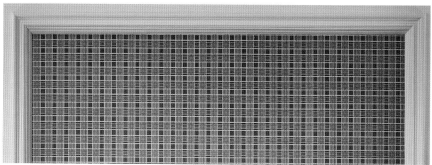

（二）材质

五、装饰物

（一）装饰画

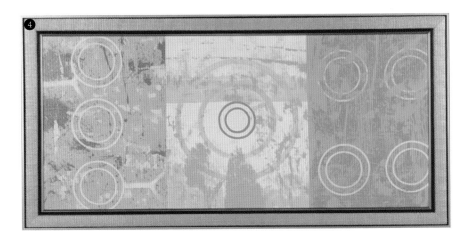

（二）工艺摆件

❸

（三）绿植花艺

第二节　现代美式风格的 32 个软装创意

一、现代美式风格介绍

现代美式风格在现在年轻人的眼里有另一种简称——"简美"，代表了简约现代的美式风格，很容易理解，即是把传统美式风格简单化、现代化了，是对美式风格的一种追逐和提炼，"轻怀旧"情怀也自此而生。

现代美式风格的特点，即是结合了"轻怀旧"和自由随性，让室内风格以美式为主，但是不一味追求大体量家具，深沉的皮革、实木材料以及沉重的色彩搭配。它结合美式的实用性，并在实际空间设计里不时流露出一丝华丽、精致的细节。现代美式风格与古典风格、乡村风格相比，线条更加简单、明晰，色调也相对比较单一，装饰得体、优雅不繁复。

现代美式风格的家居设计，在住宅空间上与传统美式风格和乡村美式风格的差异并不大，其客厅依旧是倾向于空间开阔、采光良好的特点，家具选择方面则选择线条稍微简洁、体量不太大、没有过多装饰图案的类型，整体色调方面也偏向于白色、米色、灰色、淡蓝色等冷色调色彩。厨房设计方面，大多数情况下依旧选择开放式厨房，有尺寸适宜的厨房操作台，色调统一、简洁并协调的整体橱柜，精致、美丽的餐桌等。

二、现代美式风格的软装创意

（一）客餐厅

创意 127

米字旗元素的英伦风，
烘托出怀旧美式情怀

英伦气质的沙发椅、抱枕以及装饰画，做旧的视觉效果，能够烘托出怀旧的美式情怀。

创意 128

怀旧风格的装饰物，可以
点缀现代美式风格的家居

美式风格的室内设计，有一定的怀旧情结，即使是简约化的现代美式，很多家庭和设计师还是会选择使用一些看起来比较有年代感的装饰物进行氛围的烘托。

创意 129

亮丽色彩的沙发、窗帘及装饰物，打造时尚现代美式风

在颜色选择上比较大胆，高级灰加橘色，并以宝蓝色点缀，利用个性墙纸、鎏金装饰物、装饰组合画等物品加以表现。个性对接时尚，将时尚都市高贵的气息通过美式风格或深或浅地在四周扩散，共同将空间打造成优雅且霸气的精致居所。

创意 130

整体色系的软装搭配，更能凸显现代时尚的美式韵味

采用墨绿色的主题色系的整体软装搭配，从沙发、窗帘、挂画到装饰花瓶，一进屋内一望见绿，烦恼就会抛之脑后，所谓情由境生的"绿色心情"大概就是如此吧。加以金色点缀，将"低调的高贵"发挥到极致。

创意 131

造型简洁的灯饰，可以利用风格的统一，让空间更加协调舒适

创意 132

采用与沙发或窗帘相同色系和格调的地毯，让空间完整性更强

沙发、地砖、地毯采用相同色系或类似格调，可以让空间整体感更强，更加协调和舒适。

创意 133

落地窗配上沙发椅，刻画现代美式的休闲感

现代美式给人感觉慵懒、休闲和舒适，光线充足的落地窗旁，如果配上色彩明亮、造型别致的沙发椅，让人感觉光阴虚度也不过尔尔。

创意 134

用沙发旁的落地灯补充室内光源，提高整体格调

　　不管是独特造型还是经典样式，落地灯总能给人一种不一样的生活态度，它能补充室内光源，更加重要的是，能够提高室内整体格调。

创意 135

以美国城市特色建筑物为主题的装饰
画，让客厅显得现代美式风范十足

创意 136

优美别致的鲜花花束，让生
活更加有生机

(二) 卧室

创意 137

用布艺装饰卧室飘窗，增加房间可用面积

现在很多卧室都有飘窗设计，我们可以通过窗帘、抱枕和沙发垫美化飘窗，装扮房间的同时也能增加卧室使用面积，冬天坐在飘窗上，喝一杯茶、看一本书，好不惬意。

创意 138

用床头装饰画丰富卧室墙面

　　没有使用色彩缤纷或者魅力花纹墙纸的墙面不免显得有些单调，我们可以适当地选择一些具有现代美式风格的装饰画来装饰墙面，并与房间的设计风格相呼应。

创意 139

推荐选择与房间色调和风格一致的精致床上用品

创意 140

温馨的灯光、精致的床头灯可以为卧室营造浪漫的氛围

温馨的灯光加上精致的床头灯有利于营造浪漫的卧室环境，不同造型的灯饰和不同亮度的灯光，让家里变得更加温馨。

创意 141

用素净的色彩、简单的材质打造干练且具有品质感的时尚现代美式卧室

创意 142

充满暖意的卧室搭配

卧室选用很有春天感的黄绿色墙漆，搭配素色拼接的窗帘，墙面的挂画可以是自己闲暇时候画的小装饰画。

创意 143

用淡鹅黄搭配美式家具的稳重，让卧室显得舒适和大气

现代美式家具延续了美式古典家具的一部分特点，体量大且色彩偏重，运用在卧室空间时，可以适当搭配一些素雅的色彩，让空间轻重有序，显得舒适和大气。

创意 144

充足的光线也是装饰房间的有效工具之一

(三) 儿童房

创意 145

彩色墙面可以让儿童房变得更加活泼

不同于其他房间的设计，儿童房需要充满童真和童趣，采用彩色墙面可以让儿童房变得更加活泼。

创意 146

配合儿童房各种玩偶的墙面装饰画，可以凸显童趣

儿童房随处可见的可爱元素，不断提醒人们这里是宝宝的寝室。配合着各种玩偶内容的墙面装饰画，既可爱又生动，是装点儿童房的好道具。

创意 147

巧妙运用一些色彩鲜艳、形象可爱的玩偶
装饰儿童房

创意 148

简单、精致的汽车模型或者汽
车主题装饰画能够让男孩房
变得更加生动

男孩子大部分都喜欢汽车、枪
支模型玩具，色调简单的男孩房不
妨用汽车模型或者汽车主题的装饰
画进行点缀。

创意 149

简洁、可爱的兔子造型单椅也能
给儿童房带来不一样的感觉

创意 150

相同色系的床上用品、床头柜和
地毯营造风格协调、画面
和谐的儿童房

儿童房色彩的格局比一般房间更
加生动和活泼，但并不代表着儿童房
可以乱用色彩，胡乱将孩子们喜欢的
各种元素都堆砌搭配。我们应该选择
主要颜色运用在床品、家具和地毯等
主要软装配件上，让儿童房的风格协
调，画面舒适不杂乱。

创意 151

巧妙利用闲置墙面，为孩子们设计一
个游玩的乐园

　　儿童房的角落里根据孩子们活泼好动的
性格，打造了一个独特的"树洞"造型，为
他们提供一个休闲隐秘的小小空间。在这里，
聚精会神的阅读、天马行空的想象随时可能
发生 。

创意 152

选用床头背景装饰也可以选择与床相同风格的色彩和材料，
凸显儿童房的乐趣感

创意 153

降低明度的色彩让儿童房温馨、恬静，墙面配上羊毛毡装饰物，显得更加温柔

新生小宝宝或者性格安静的孩子们适合色彩不太饱满、对比度不太强烈的卧室环境，采用低明度的墙面色彩，再搭配上质地柔软的羊毛毡、棉质、丝质的装饰物品，让整个儿童房都变得温柔而宁静。

创意 154

个性且充满童趣的涂鸦墙面，可以丰富儿童房的设计

简单又充满童趣的涂鸦画，让人能够真切地感受到儿童房纯真和活泼的氛围。我们在装饰儿童房时不妨留出一面白墙，手绘一些儿童插画和涂鸦画，为房间增加新的乐趣。

267

创意 155

造型优美的铁艺家具和装饰物，刻画出
一个公主风的儿童房

创意 156

不知用什么装饰物丰富儿童房，装饰性
地毯是一个不错的选择

创意 157

根据孩子喜好，通过墙纸、窗帘、床品、家具等多方面进行主题系列软装搭配，让儿童房更加完整和协调

创意 158

用协调统一的布艺打造一个气质非凡的女孩房

单品索引

页码	单品序号	单品公司
P082	❶	珠海大千家居
P082	❷	华意空间
P082	❸	广州串门家居
P083	❶、❹、❼	致家家居
P083	❷、❸、❺、❻	华意空间
P084	❶～❹	珠海大千家居
P085	❶	广州串门家居
P085	❷～❻	华意空间
P086	❶～❸	广州串门家居
P087	❶～❷	非俞布艺
P088	❶～❹	布艺纺时尚家居
P088	❺～❻	广州串门家居
P090	❶～❻	元久灯饰
P091	❶～❺	元久灯饰
P091	❻～❼	珠海大千家居
P091	❽	木语木智造
P092	❶～❻	珠海大千家居
P095	❶～❼	珠海大千家居
P096	❶～❸	珠海大千家居
P138	❶、❺	广州串门家居
P138	❷～❹	珠海大千家居
P139	❶、❷、❹	致家家居
P139	❸、❻	广州串门家居
P139	❺	华意空间

页码	单品序号	单品公司
P140	❶～❹	致家家居
P141	❶～❹	致家家居
P144	❶～❼	布艺纺时尚家居
P145	❶～❺	逸品图库
P149	❶～❼	珠海大千家居
P153	❶～❹	珠海大千家居
P194	❶～❷	珠海大千家居
P194	❸	华意空间
P197	❶～❷	珠海大千家居
P197	❸～❻	班配抱枕
P198	❶～❸	捷优地毯
P198	❹～❺	逸品图库
P200	❶～❻	珠海大千家居
P202	❶～❹	逸品图库
P203	❶～❺	珠海大千家居
P203	❶	珠海大千家居
P206	❶～❹	班配抱枕
P206	❺	非俞布艺资料
P234	❶～❸	珠海大千家居
P235	❶	珠海大千家居
P235	❷	华意空间
P239	❶～❺	布艺纺时尚家居
P242	❶～❺	珠海大千家居
P244	❶～❹	逸品图库
P245	❶～❻	珠海大千家居

图片索引

创意图片	设计公司
创意 026 图片	壹舍设计 / 美庭设计 / 尚邦创意事务所 / 中策装饰
创意 027 图片	龙徽设计 / 中策装饰
创意 028 图片	作者摄影
创意 029 图片	微诗软装设计 /DOLONG 设计丨大品装饰 /ASD 联筑设计机构
创意 030 图片	天涵设计
创意 031 图片	楠格设计
创意 032 图片	中惠熙元集团
创意 033 图片	朵墨设计 / 戴勇室内设计师事务所
创意 034 图片	朵墨设计
创意 035 图片	朵墨设计
创意 036 图片	朵墨设计
创意 037 图片	漾设计
创意 038 图片	杨铭斌
创意 039 图片	杨铭斌
创意 040 图片	力设计
创意 041 图片	力设计
创意 042 图片	力设计 /DOLONG 设计丨大品装饰
创意 043 图片	一野设计
创意 044 图片	戴勇室内设计师事务所
创意 045 图片	戴勇室内设计师事务所
创意 046 图片	DOLONG 设计丨大品装饰
创意 047 图片	戴勇室内设计师事务所
创意 048 图片	DOLONG 设计丨大品装饰
创意 049 图片	DOLONG 设计丨大品装饰
创意 050 图片	以勒设计
创意 051 图片	漾设计
创意 052 图片	漾设计
创意 053 图片	杨铭斌
创意 054 图片	力设计
创意 055 图片	Ganna Design / Elips Design / SoNo Arhitekti
创意 056 图片	Guilherme Torres 设计工作室 / Poteet 设计公司

创意图片	设计公司
创意 057 图片	Elips Design
创意 058 图片	Egue y Seta
创意 059 图片	Elips Design
创意 060 图片	Poteet 设计公司
创意 061 图片	Luigi Rosselli Architects
创意 062 图片	漾设计
创意 063 图片	力设计
创意 064 图片	大斌空间设计
创意 065 图片	晓安设计
创意 066 图片	海航设计 / 卢小刚设计
创意 067 图片	李文彬 / 晓安设计 / 文青设计
创意 068 图片	晓安设计 / 文青设计
创意 069 图片	作者摄影
创意 070 图片	海航设计 / 晓安设计 / 文青设计
创意 071 图片	文青设计 / 家语设计
创意 072 图片	李文彬
创意 073 图片	一野设计
创意 074 图片	江建业 / 卢小刚设计
创意 075 图片	文青设计
创意 076 图片	李文彬
创意 077 图片	晓安设计 / 李文彬 / 海航设计 / 卢小刚设计
创意 078 图片	家语设计 / 一野设计
创意 079 图片	一野设计
创意 080 图片	一野设计
创意 081 图片	导火牛设计 / 重庆双宝设计机构
创意 082 图片	刘魁玖室内设计 / 家语设计
创意 083 图片	私享家设计
创意 084 图片	文青设计
创意 085 图片	李文彬
创意 086 图片	晓安设计 / 刘魁玖室内设计 / 昶卓设计
创意 087 图片	文青设计
创意 088 图片	家语设计

创意图片	设计公司
创意 089 图片	一野设计
创意 090 图片	一野设计
创意 091 图片	导火牛设计
创意 092 图片	胭脂设计
创意 093 图片	刘魁玖室内设计
创意 094 图片	刘魁玖室内设计
创意 095 图片	导火牛设计 / 重庆双宝设计机构 / 南舍空间设计
创意 096 图片	以勒设计
创意 097 图片	桃弥设计工作室 / 班配抱枕 / 非俞布艺资料
创意 098 图片	王建 / 以勒设计
创意 099 图片	品辰设计
创意 100 图片	之境内 / 壹阁高端室内设计
创意 101 图片	艺沐思维建筑室内设计 / 以勒设计
创意 102 图片	以勒设计 / 东羽设计
创意 103 图片	沐思维建筑室内设计
创意 104 图片	以勒设计 / 东羽设计
创意 105 图片	朵墨设计
创意 106 图片	朵墨设计
创意 107 图片	艺沐思维建筑室内设计 / 朵墨设计 / 以勒设计 / 逍遥廊设计 / 壹阁高端室内设计
创意 108 图片	壹阁高端室内设计
创意 109 图片	壹阁高端室内设计
创意 110 图片	壹阁高端室内设计
创意 111 图片	之境内
创意 112 图片	艺沐思维建筑室内设计
创意 113 图片	导火牛设计
创意 114 图片	以勒设计
创意 115 图片	久栖设计 / 朵墨设计
创意 116 图片	壹阁高端室内设计
创意 117 图片	朵墨设计
创意 118 图片	壹阁高端室内设计
创意 119 图片	壹阁高端室内设计
创意 120 图片	之境内
创意 121 图片	之境内
创意 122 图片	之境内
创意 123 图片	壹阁高端室内设计

创意图片	设计公司
创意 124 图片	壹阁高端室内设计
创意 125 图片	朵墨设计
创意 126 图片	众仁装饰设计
创意 127 图片	人本空间设计
创意 128 图片	人本空间设计
创意 129 图片	JULIE 软装设计
创意 130 图片	人本空间设计
创意 131 图片	顾惠敏
创意 132 图片	杨凡
创意 133 图片	大墅尚品
创意 134 图片	海航设计
创意 135 图片	人本空间设计
创意 136 图片	DOLONG 设计丨大品装饰 / 武汉美宅美生设计 / 刘魁玖室内设计
创意 137 图片	武汉美宅美生设计
创意 138 图片	武汉美宅美生设计 / 刘魁玖室内设计
创意 139 图片	刘魁玖室内设计 / 以勒设计 / 武汉美宅美生设计
创意 140 图片	刘魁玖室内设计
创意 141 图片	艺居软装设计
创意 142 图片	刘魁玖室内设计
创意 143 图片	刘魁玖室内设计
创意 144 图片	刘魁玖室内设计
创意 145 图片	武汉美宅美生设计
创意 146 图片	刘魁玖室内设计
创意 147 图片	以勒设计
创意 148 图片	以勒设计
创意 149 图片	刘魁玖室内设计
创意 150 图片	艺居软装设计
创意 151 图片	刘魁玖室内设计
创意 152 图片	武汉美宅美生设计
创意 153 图片	刘魁玖室内设计
创意 154 图片	私享家设计
创意 155 图片	私享家设计
创意 156 图片	私享家设计
创意 157 图片	于计设计
创意 158 图片	于计设计